BIBLIOTHÈQUE
POUR TOUT LE MONDE
DIRECTEUR : AD. RION
SIMPLE, FACILE
ARPENTAGE
AVEC FIGURES.
AR
PARIS,
PHILIPPART, LIBRAIRE,
rue Dauphine, 24.

TABLE.

FIN DE LA TABLE.

Paris.—Imprimerie Bonaventure et Ducessois, 55, quai des Augustins.

ARPENTAGE

1. Le but principal de l'arpentage est d'apprendre à mesurer et à partager un terrain.

L'arpentage n'est qu'une application de la géométrie ; nous ne développerons pas les principes sur lesquels il repose, nous renverrons pour cela à la géométrie. Nous nous contenterons d'énoncer ces principes à mesure que nous en aurons besoin, et de montrer comment on peut les appliquer. Nous allons indiquer d'abord quels sont les instruments nécessaires à l'arpenteur.

Toute surface peut se décomposer en parallélogrammes et en triangles, et, par suite, leur mesure se réduit à celle de certaines lignes droites ; il faut donc savoir mesurer d'abord certaines droites ou certaines suites de droites sur un terrain. Les instruments nécessaires à cette mesure sont la chaîne métrique et les jalons.

Chaîne métrique.

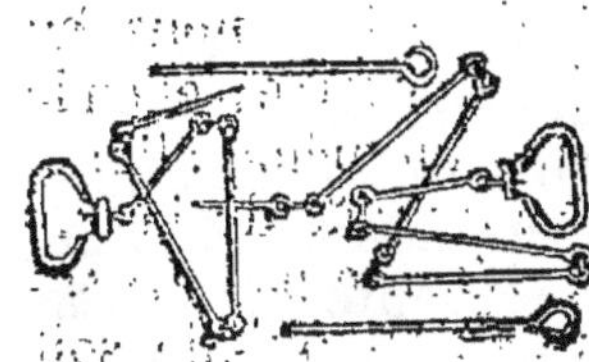

2. La chaîne métrique a dix mètres de longueur. Elle est divisée de mètre en mètre par des anneaux de cuivre. Chaque mètre est lui-même partagé de deux en deux décimètres, et se trouve

par conséquent divisé en cinq parties égales. Les extrémités de la chaîne portent des anneaux assez grands, qui font partie de la longueur de la chaîne.

Quand on se sert de la chaîne, on a en outre des piquets en fer nommés fiches, dont nous verrons l'usage dans le chaînage d'une ligne.

Jalons.

3. Les jalons sont des piquets de bois dont la hauteur et la grosseur dépendent de la situation du terrain sur lequel on opère. Ils servent à indiquer sur le terrain la direction des lignes qu'on mesure, et à marquer les limites des propriétés. Ils portent à la partie supérieure une fente dans laquelle on met ordinairement un morceau de papier, qui fait qu'on peut les apercevoir d'assez loin, quand ils sont piqués sur le terrain.

4. Quand la ligne que l'on se propose de mesurer n'est pas tracée sur le terrain, il faut toujours avoir soin de la jalonner. Soit la ligne droite AB que nous voulons jalonner; étant au

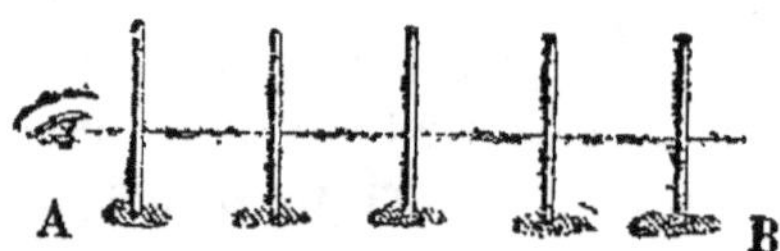

point A, nous enverrons quelqu'un vers le point B : quand il sera à une certaine distance, dans le parfait alignement de AB, nous lui ferons signe d'enfoncer un jalon en terre; et en le faisant toujours marcher dans un même alignement, nous pourrons lui faire placer autant de jalons qu'il en faudra pour que la ligne ne présente pas des solutions de continuité trop considérables, et qu'elle soit par conséquent plus facile à mesurer.

5. Si la ligne à jalonner AB va en descendant et puis en montant, il faut, lorsqu'on arrive au sommet du co-

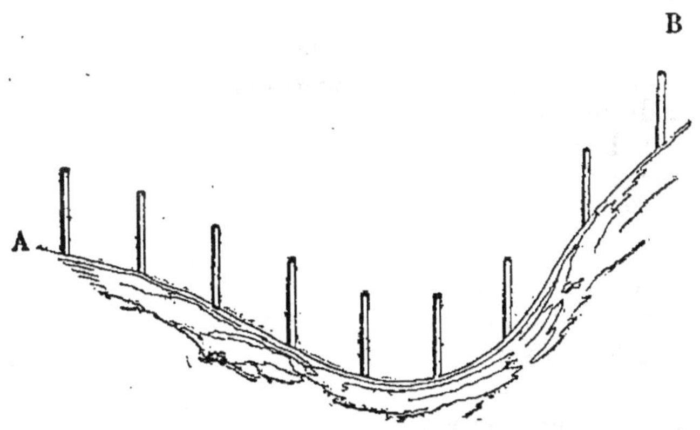

teau, examiner si les jalons qu'on y fixe sont dans l'alignement de ceux qu'on a placés dans la plaine au delà du vallon.

6. Si les jalons dont on se sert ne sont pas bien droits, il faut avoir soin que le papier que l'on y met se trouve avec le pied du jalon sur la même ligne verticale.

7. Quand on rencontre, en jalonnant, un obstacle qui empêche de continuer le jalonnage, on évite toujours de faire couder la ligne ; on change plutôt la direction, en ayant soin de s'en écarter le moins possible. Si l'obstacle n'est pas considérable, ainsi un arbre par exemple, il suffit de porter deux ou trois jalons à droite ou à gauche, sur un alignement bien parallèle à la ligne que l'on jalonne, et éloigné d'elle de la quantité nécessaire pour pouvoir continuer le jalonnage.

Chaînage d'une ligne droite.

8. Lorsque l'on a ainsi jalonné une ligne, il devient fort simple d'en mesurer la longueur, attendu que l'on

peut, en tendant la chaîne métrique contre les jalons, la porter tout le long de la droite que l'on veut mesurer. Pour porter ainsi cette chaîne, il faut deux individus qui marchent l'un après l'autre dans la direction des jalons. L'arpenteur est celui qui marche derrière. Son aide ou le porte-chaîne qui marche devant, est ordinairement pourvu de dix fiches, et ne doit pas négliger d'en planter une à l'extrémité de la chaîne convenablement tendue. Après cela, l'arpenteur et son aide se remettent en marche, jusqu'à ce que l'arpenteur rencontre la première fiche ; alors le porte-chaîne plante une nouvelle fiche à l'extrémité de la chaîne, et l'arpenteur enlève celle qu'il vient de rencontrer, et ainsi de suite.

9. Les fiches sont en fer et doivent avoir une longueur de 40 à 48 centimètres. L'aide doit toujours avoir soin de les planter le plus verticalement qu'il lui est possible.

10. Lorsqu'on veut mesurer un terrain qui va en montant, le porte-chaîne fait toucher à terre l'extrémité de la chaîne, tandis que l'arpenteur, derrière, appuie l'autre

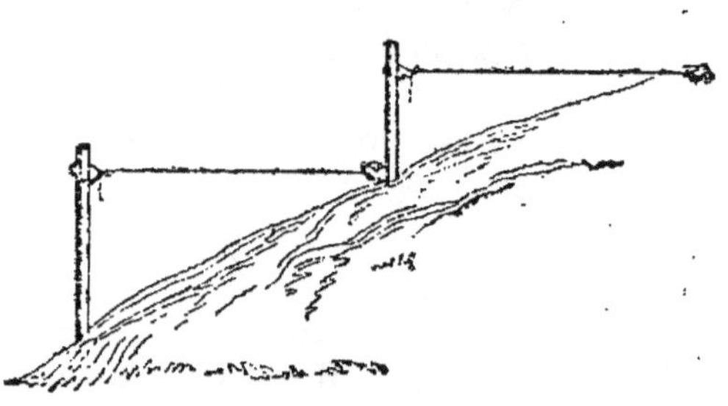

extrémité contre la partie supérieure d'un jalon d'une grandeur convenable pour que la chaîne se trouve sensiblement horizontale.

11. Si l'on mesure en descendant, l'arpenteur fait toucher à terre l'extrémité de la chaîne qu'il a dans la main, tandis que l'aide tient l'autre extrémité à une hauteur convenable pour que la chaîne soit encore dans une

position horizontale. Alors, pour planter sa fiche, le porte-chaîne la laisse tomber verticalement de l'extrémité qu'il a dans la main.

12. Quand le terrain est très-incliné, il n'est pas toujours possible de maintenir la chaîne dans une position horizontale; on peut alors, pour plus de commodité, se servir de la moitié ou d'une portion quelconque de la chaîne, comme on se servirait de la chaîne entière.

13. Il est facile de concevoir pourquoi l'on ne mesure pas la longueur directe d'un terrain incliné, mais la projection horizontale de cette longueur [1]. Les végétaux croissant verticalement, un terrain en pente ne peut pas généralement produire plus que ne ferait la projection horizontale [2] de ce terrain. Or l'importance d'un terrain ne résulte en général que de la quantité des végétaux qu'il peut contenir; on ne doit donc mesurer que la projection horizontale des terrains. Telle est la raison des opérations des nos 10 et 11.

Vérification du Chaînage.

14. Pour vérifier le résultat obtenu par le chaînage d'une ligne droite on peut, à volonté, recommencer le chaînage dans le même sens ou dans un sens inverse.

Si le nouveau résultat diffère très-peu du premier, on en conclura que le chaînage a été bon; mais on aura toujours un résultat beaucoup plus exact en prenant la moyenne des deux mesures, c'est-à-dire la moitié de la somme des deux résultats; ainsi, si le premier chaînage a

---

[1] La projection horizontale d'une droite est la base d'un triangle rectangle dont cette droite est l'hypoténuse, et dont les deux côtés de l'angle droit sont l'un vertical, l'autre horizontal.

[2] Par projection horizontale d'une figure nous entendons la figure que l'on obtient en joignant les pieds des perpendiculaires abaissées des sommets de la première sur un plan horizontal quelconque.

donné 120 mètres. le second 122, on prendra pour mesure la moitié de 120 plus 122, ou de 242, c'est-à-dire 121.

15. La mesure des surfaces triangulaires ou parallélogrammes exigeant celle des hauteurs de ces surfaces, c'est-à-dire de lignes droites perpendiculaires à leur base, il faut savoir tracer sur le terrain une ligne droite perpendiculaire à une autre ; l'instrument que l'on emploie à cet effet est *l'équerre d'arpenteur.*

Équerre d'Arpenteur.

Cet instrument est un prisme creux en cuivre, qui a huit faces latérales. Ce prisme porte quatre fentes situées au milieu de quatre faces opposées deux à deux. Ces fentes sont disposées à angle droit; elles sont déterminées par l'intersection des faces qui les portent avec deux plans perpendiculaires, menés par l'axe du prisme. On conçoit, d'après cela, qu'en fixant l'œil successivement à deux fentes consécutives, les deux lignes que l'on aperçoit par les fentes opposées sont des lignes perpendiculaires. L'équerre se fixe sur un jalon d'environ un mètre de longueur.

Vérification de l'Équerre.

16. Avant de se servir d'une équerre d'arpenteur il faut commencer par s'assurer si elle est juste.

Pour cela, fixez-la sur un terrain bien horizontal ; puis envoyez quelqu'un planter un jalon P à une certaine distance et dans la direction de la fente D par laquelle vous regarderez. De la même manière et sans déranger l'équerre, faites-en planter un M dans la direction donnée par la

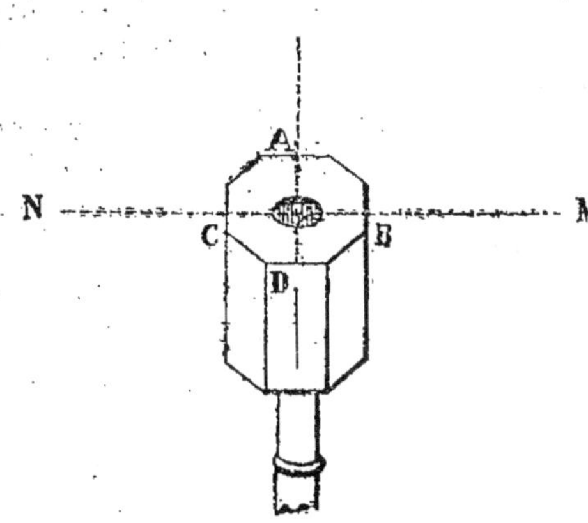

fente C. Après cette opération, vous faites faire un quart de tour à l'équerre de manière à ce que la fente B se trouve ajustée sur P : si alors, regardant successivement par les deux fentes D et A, vous apercevez en ligne les deux jalons M et N comme avant la conversion de l'instrument, c'est une preuve que l'équerre est juste.

Usage de l'Équerre.

17. Élever par le point C une perpendiculaire à la ligne AB, sur le terrain.

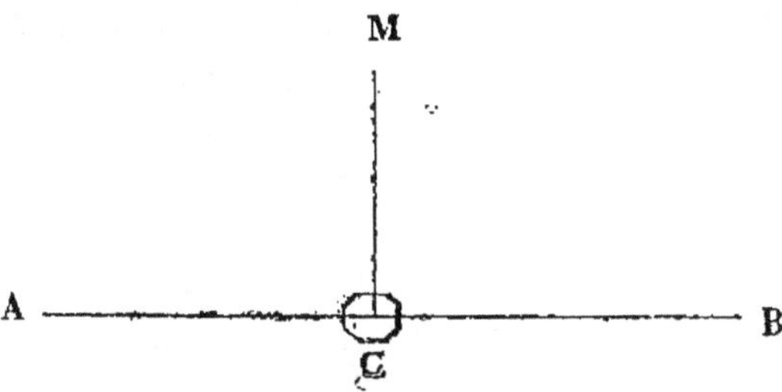

Pour cela, plantez verticalement l'équerre au point C, par lequel vous voulez élever la perpendiculaire : après cela tournez l'équerre de manière à ce qu'en regardant alternativement par les deux fentes opposées vous aperceviez, sans déranger l'instrument, les deux points A et B où vous aurez fait planter des jalons. Alors, l'équerre étant toujours dans la même position, visez par l'une des deux autres fentes et envoyez quelqu'un planter des jalons sur la droite CM qui se présentera à vous : ce sera la perpendiculaire demandée.

18. Si le point C par lequel vous voulez mesurer une perpendiculaire à la droite AB est situé hors de cette droite, placez toujours votre équerre sur la ligne AB que vous aurez jalonnée. Dirigez comme ci-dessus un rayon visuel dans l'alignement AB, et regardez si le rayon dirigé par les deux autres fentes répond au point C.

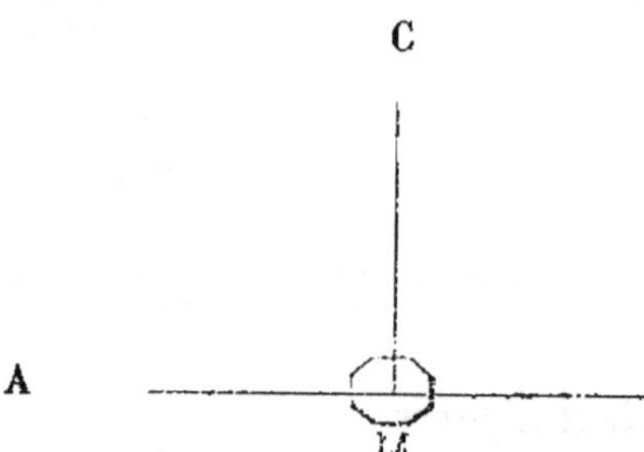

Comme il est difficile de rencontrer du premier coup le point M où l'équerre doit être placée, on doit faire plusieurs essais, et ce n'est que par tâtonnement que l'on parvient à le déterminer. Mais il faut toujours avoir grand soin de maintenir le premier rayon visuel dans l'alignement AB.

19. On peut aussi mener par un point C une ligne parallèle à une autre AB tracée sur le terrain. En effet,

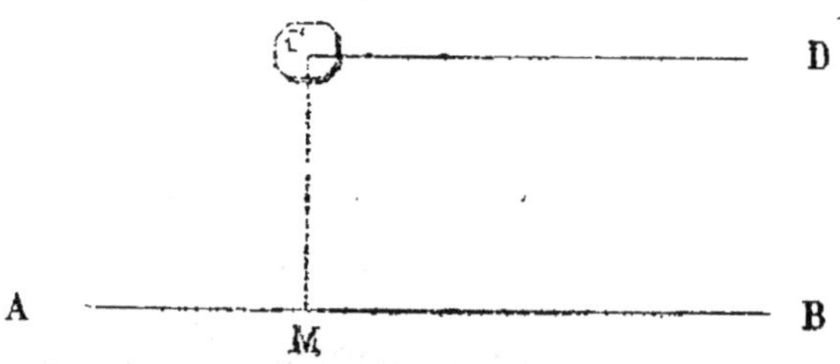

lorsque l'on a déterminé le point M du n° précédent, il suffit de le marquer par un jalon, puis de porter l'équerre au point C et de viser le jalon fixé à M : alors la ligne CD que l'on apercevra par les deux autres fentes opposées sera la parallèle cherchée, car elle sera perpendiculaire à la ligne CM perpendiculaire à la droite donnée AB.

20. Les instruments précédents sont en général suffisants pour mesurer une surface quelconque. Quelquefois, cependant, certaines difficultés de terrain ou des obstacles quelconques, exigent l'emploi d'autres instruments, tels que le *graphomètre*, etc. Nous allons décrire cet instrument et indiquer son principal usage, relativement à l'arpentage.

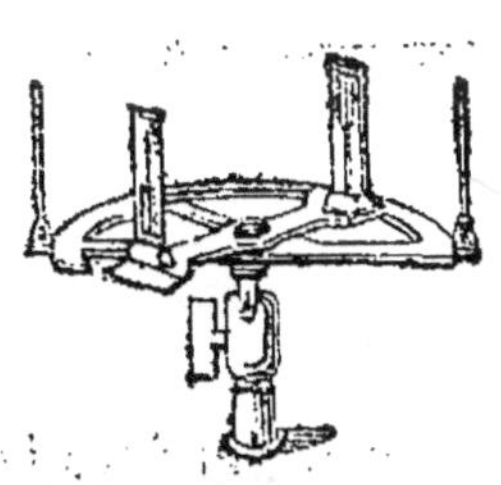

Le *graphomètre* consiste en un demi-cercle divisé comme un rapporteur. Aux deux extrémités du diamètre se trouve ce que l'on appelle des *pinnules :* ce sont simplement des lames de cuivre perpendiculaires au diamètre et portant une fente très-étroite et une petite fenêtre traversée par des fils qui se croisent. Cette fente et cette fenêtre sont placées en sens opposé dans deux pinnules opposées ; c'est-à-dire que dans l'une la fente est au-dessus de la fenêtre, et dans l'autre au-dessous. Autour du centre du demi-cercle peut se mouvoir un second diamètre qui constitue ce que l'on nomme une *alidade à pinnules*. Ce n'est autre chose qu'une règle portant à ses extrémités deux pinnules. Le demi-cercle est fixé sur trois pieds qui peuvent s'écarter de manière à l'élever ou à l'abaisser à volonté.

Dans les bons graphomètres les alidades à pinnules sont remplacées par des lunettes portant dans leur intérieur deux fils croisés. L'épaisseur de ces fils étant beaucoup plus petite que celle des fentes des meilleures pinnules, on est plus sûr que les lignes droites visées passent bien par les points voulus. Du reste, le graphomètre à pinnules est bien suffisant pour les opérations ordinaires de l'arpentage.

Le graphomètre sert à mesurer les angles. Si l'on se trouve en un point A et que l'on veuille mesurer l'angle des deux droites AB, AC, il suffit de placer le graphomètre de manière que le centre du demi-cercle soit sensiblement sur la verticale du point A. On tourne le demi-cercle de manière à ce qu'en plaçant l'œil à la fente d'une

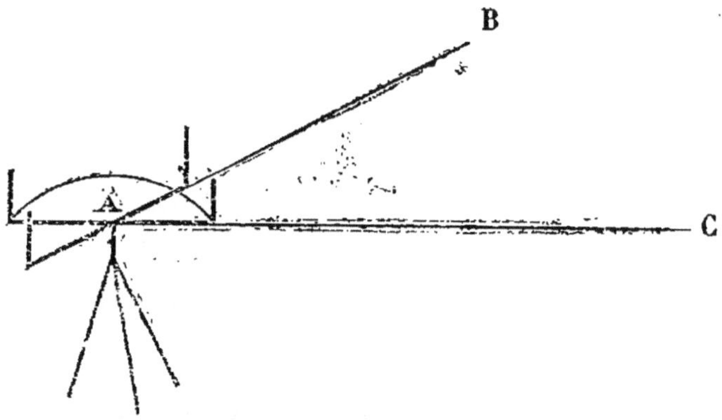

des pinnules du diamètre fixe on aperçoive, derrière le fil de la pinnule opposée, un point remarquable de la ligne AB. On fait ensuite marcher l'alidade mobile, en fixant l'œil à la fente d'une de ses pinnules, jusqu'à ce que l'on aperçoive de la même manière un point de la ligne AC. L'angle marqué sur le rapporteur par l'extrémité de l'alidade mobile sera l'angle cherché.

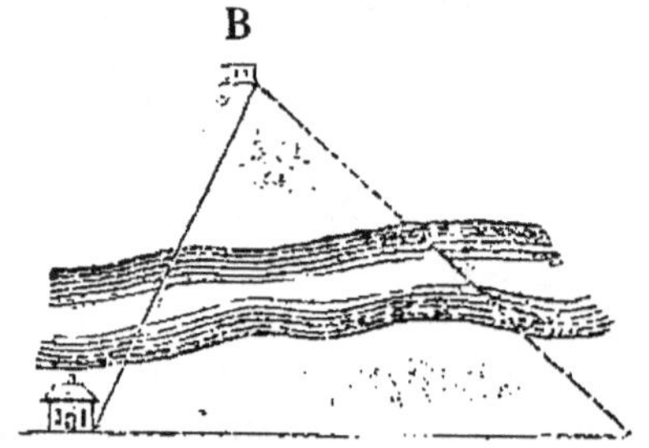

21. Voici maintenant un des principaux usages du graphomètre : Il peut arriver que pour mesurer un terrain donné nous ayons besoin de connaître la distance de deux points, dont l'un ne nous soit pas accessible; ainsi les deux points peuvent être séparés par une rivière. La distance voulue peut alors se déterminer au moyen du graphomètre. En effet, soient A et B les deux points donnés. Prenons un troisième point C, situé à une distance du point A, facile à mesurer au moyen de la chaîne métrique. On peut, au moyen du graphomètre placé en A, mesurer l'angle BAC, puis, en le transportant

en C, mesurer l'angle BCA. On connaît alors dans le triangle ABC un côté et les deux adjacents; on peut donc construire ce triangle sur le papier, en rapportant la longueur mesurée du côté AC à une échelle donnée; alors, en mesurant la longueur du côté AB sur cette échelle, on aura la distance cherchée.

Le graphomètre sert surtout pour le levé des plans; nous le retrouverons donc quand nous en serons là. Nous allons voir maintenant comment, au moyen de la chaîne et de l'équerre, on peut mesurer une surface de terrain ou plutôt la surface de la projection horizontale d'un terrain.

Mesure des Surfaces.

22. L'arpenteur ne doit entreprendre la mesure du terrain qu'après en avoir fait le canevas; il doit commencer par placer des jalons aux principaux angles. Après cela, une inspection assez rapide suffit pour lui faire connaître à peu près la figure du terrain, qu'il reproduit de son mieux sur une feuille de papier. Il a ainsi un croquis du terrain.

Chaque fois que l'arpenteur a mesuré une distance, il doit avoir soin d'en écrire la longueur sur la ligne du croquis correspondante à la distance qu'il a mesurée.

23. Passons maintenant à l'arpentage d'un terrain. Toute la question se réduit à savoir quelles sont les lignes que l'on doit mener et mesurer, en raison de la figure du terrain.

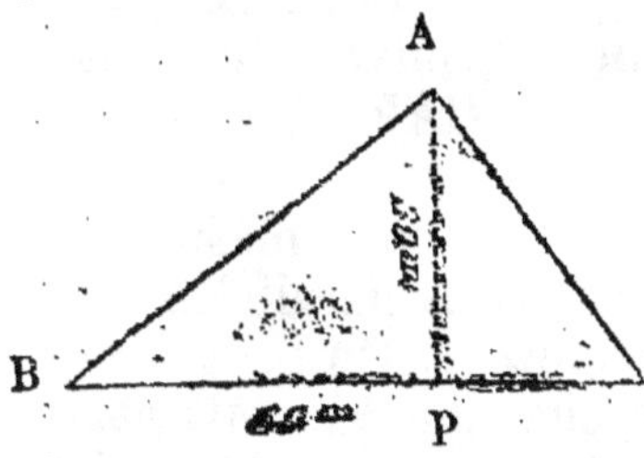

Supposons en premier lieu que le terrain que nous voulons mesurer ait une forme triangulaire. Soit ABC. On a vu en géométrie que pour obtenir la mesure de la surface d'un triangle il fallait multiplier sa base par la moitié de sa hauteur : par conséquent, nous jalonnerons le côté BC que nous prendrons pour base de la figure, et nous mesurerons sa longueur avec la chaîne. Supposons que nous ayons trouvé 60 mètres.

Après cela nous élèverons avec l'équerre une perpendiculaire AP, passant par le sommet A du triangle dont elle sera la hauteur. Supposons que nous ayons trouvé 30 mètres pour longueur de cette perpendiculaire. En multipliant la base 60 mètres par 15 mètres, moitié de la hauteur, le produit 900 représentera le nombre de mètres carrés contenus dans la surface mesurée.

24. Il est clair que l'arpenteur a la faculté de choisir pour base du triangle celui des trois côtés qui lui offre le moins de difficultés soit pour le jalonnage et le chaînage, soit pour l'élévation de la perpendiculaire.

25. Supposons en second lieu que le terrain à mesurer soit un quadrilatère ABCD dont les quatre côtés sont inégaux.

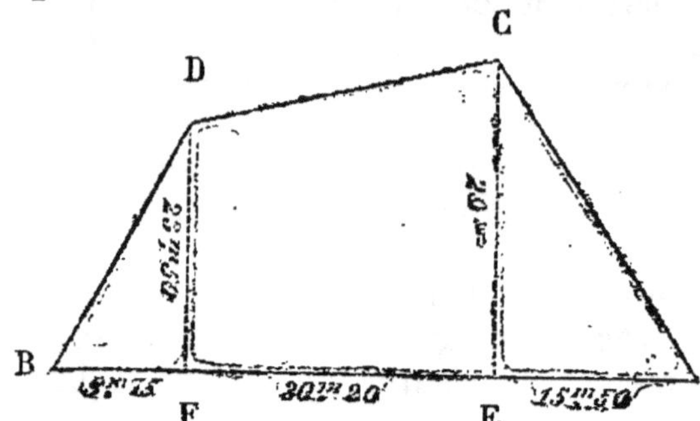

Considérez le côté AB comme devant servir de base à la figure, et au moyen de l'équerre élevez sur cette base deux perpendiculaires EC, FD passant par les points C,D. Le terrain se trouve ainsi décomposé en deux triangles rectangles CAE,BDF, et un trapèze CEFD.

On sait que la surface d'un trapèze a pour mesure le produit de la demi-somme des deux côtés parallèles par leur distance, c'est-à-dire par la hauteur. On peut donc mesurer la superficie (surface) de chacune des trois parties de la surface cherchée, et ajouter ensemble les trois superficies.

Pour cela, on place des jalons aux points E et F, et on mesure successivement les distances AE, EF, FB, EC, FD. Supposons que l'on ait trouvé $AE = 12^m,50$, $EF = 30^m,20$, $FB = 9^m,75$, $EC = 29^m$, $FD = 23^m,50$. La surface du triangle AEC sera $12^m,50 \times \frac{29^m}{2}$, celle du triangle BFD sera $9^m,75 \times \frac{23^m,50}{2}$; enfin celle du trapèze ECDF sera $30^m,20 \times \frac{29^m + 23^m,50}{2}$, de sorte qu'en réunissant les trois surfaces de la manière suivante :

	m c	m c	mc cc
Triangle AEC	$= 12,50 \times$	$14,50 =$	181,2500
Triangle BFD	$= 9,75 \times$	$11,75 =$	114,5625
Trapèze ECFD	$= 30,20 \times$	$26,25 =$	792,7500
		Total.	1088,5625

La surface cherchée est donc égale à 1088 mètres carrés, 5625 centimètres carrés, c'est-à-dire à peu près 10 ares 88 centiares.

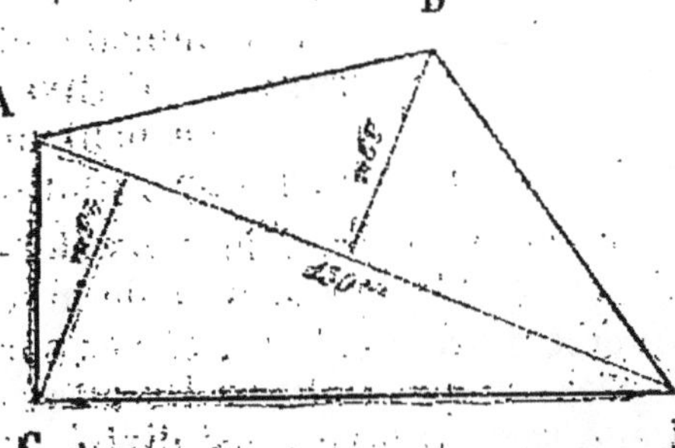

26. On peut encore trouver la mesure d'un quadrilatère, au moyen de la diagonale AB; on doit toujours avoir soin de la tracer entre les deux angles opposés le plus éloignés l'un de l'autre, parce qu'il faut prendre autant que possible pour base de l'opération la ligne qui a le plus d'étendue. Le quadrilatère se trouve ainsi décomposé en deux triangles ABD, ABC, qui ont tous les deux pour base le côté AB : on trace avec l'équerre les deux perpendiculaires ED, CF, qui sont les hauteurs de ces triangles. Après cela, on mesure la base AB et les deux hauteurs DE, CF, et l'on cote les résultats sur le croquis.

Supposons que la base commune ait 130 mètres, que la hauteur CF ait 45 mètres et la hauteur DE 39 mètres; sachant que la surface d'un triangle a pour mesure le produit de sa base par la moitié de sa hauteur, on voit qu'on n'a dans cet exemple qu'une seule opération à faire; elle consiste à multiplier par la base commune AB la demi-somme des deux hauteurs, ce qui donne 42 × 130, ou bien 5460 mètres carrés, résultat qui revient à 54 ares 60 centiares pour la contenance du quadrilatère ABCD.

27. Nous allons en troisième lieu indiquer la manière d'arpenter une surface plane, d'un nombre quelconque de côtés.

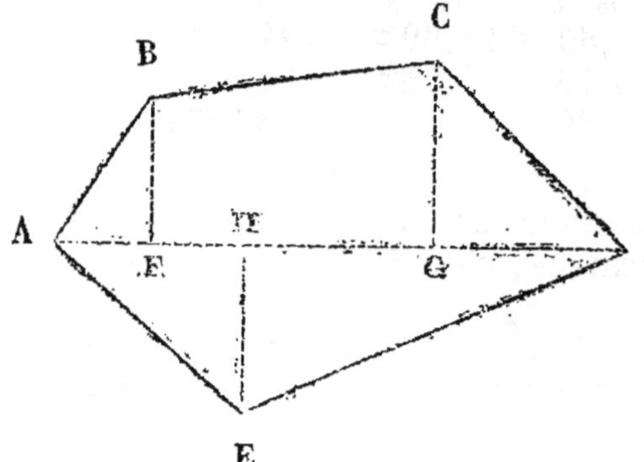

Soit d'abord le pentagone ABCDE; il y a plusieurs méthodes pour trouver la mesure d'un pentagone : nous allons donner ici la plus commode et la plus expéditive : car l'arpenteur doit s'attacher à abréger le plus possible les opérations.

Tirez et jalonnez entre les deux sommets les plus éloignés l'un de l'autre la diagonale AD, qui servira de base à l'opération. Avec une équerre d'arpenteur, élevez sur cette base des perpendiculaires, passant par les autres sommets B,C,E : le pentagone se trouve ainsi divisé en quatre triangles et un trapèze; mesurez alors chacune des perpendiculaires, ainsi que la portion de diagonale qui sert de base à chaque triangle et de hauteur au trapèze; inscrivez les longueurs trouvées sur le canevas à côté des lignes correspondantes, et évaluez ensuite chacune des cinq parties du pentagone proposé, comme vous l'avez appris plus haut; faites la somme des cinq résultats, et vous aurez la mesure du pentagone ABCDE.

Les deux triangles AEH, HED, peuvent être évalués par une seule opération ; car ils forment le triangle AED qui a pour hauteur EH et pour base la diagonale AD, qui est appelée ligne *directrice*.

28. Supposons qu'on veuille arpenter une surface polygonale d'un grand nombre de côtés, comme ABCDEFGH.

On tracera comme ci-dessus la directrice AE, et en appliquant ici la méthode que nous avons indiquée dans l'exemple précédent, on décomposera la figure proposée

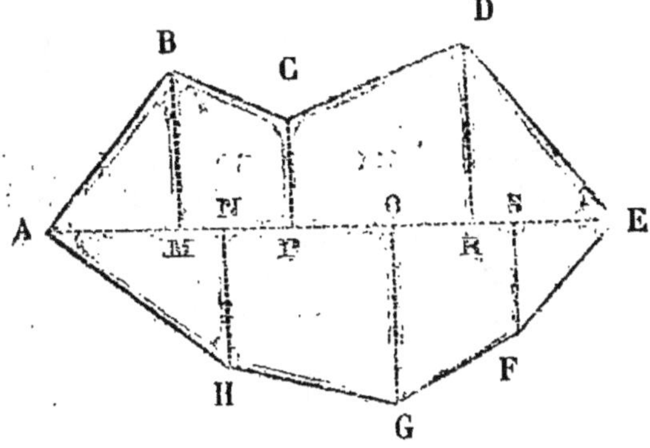

en triangles et trapèzes qu'il sera facile d'évaluer.

Arpentage des surfaces terminées par une ligne courbe.

29. La manière la plus simple de mesurer une surface terminée par une courbe quelconque est fondée sur la méthode générale de quadrature du géomètre anglais Thomas Simpson. Elle consiste à partager la surface par des droites parallèles assez rapprochées pour que les arcs qu'elles comprennent sur la courbe puissent sans erreur sensible être considérés comme des lignes droites à cause de leurs petites longueurs. Si la surface à mesurer est terminée par des lignes droites et des lignes courbes, on choisira la plus longue des lignes droites et on lui mènera un grand nombre de perpendiculaires ; ce seront

2

les parallèles qui doivent décomposer la surface. Si la surface n'était terminée que par des lignes courbes, il

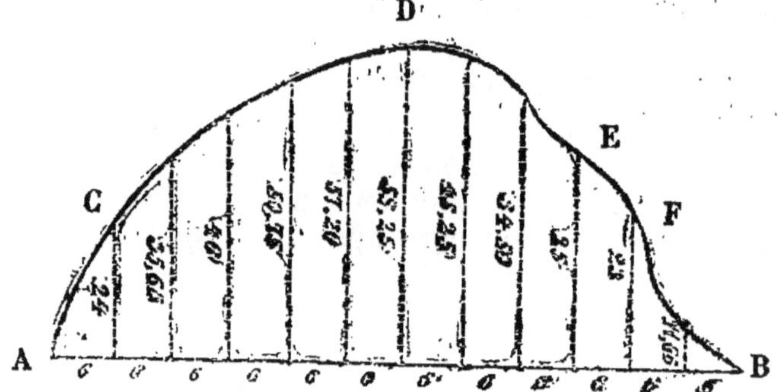

faudrait la partager en deux par une ligne droite joignant deux points de la courbe, les plus éloignés possible l'un de l'autre, puis élever encore des perpendiculaires à cette droite. Si la droite AB (*fig. préc.*) que l'on appelle *base* a été partagée en parties égales, on pourra, au lieu d'ad-

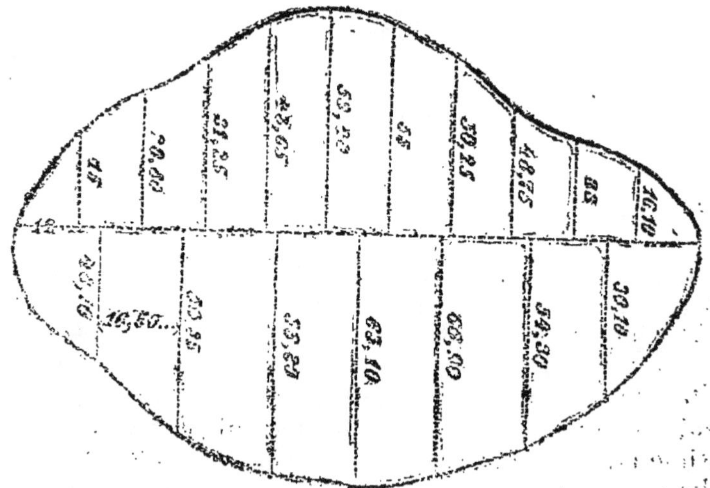

ditionner simplement les surfaces partielles dans lesquelles a été décomposée la surface totale ACDEFB, recourir à la formule de Thomas Simpson. Au moyen cette formule, on aura beaucoup plus exactement la surface cherchée en faisant la somme des deux ordonnées[1] extrêmes, puis celles des autres ordonnées de rang impair, enfin celle des ordonnées de rang pair, sans y comprendre la dernière, si elle est de rang pair, puis on ajoutera la première somme à quatre fois la seconde et à deux fois la troisième, et on multipliera le tout par le tiers de la distance constante qui sépare deux ordonnées consécutives. On aura ainsi la surface cherchée.

Ainsi, par exemple, si la longueur de A B est de 72 mètres, de sorte que chacune de ses divisions ait 6 mètres de largeur, et si l'on a trouvé pour longueurs des ordonnées les nombres indiqués dans les figures, on aura la surface cherchée par les opérations suivantes :

24,00	46,00	35,60
11,60	57,20	50,75
	45,25	58,25
35,60	25,00	34,50
		23,00
	173,45	
		202,10

$$\begin{aligned} & 35{,}60 \\ 4 \times 173{,}45 = \; & 693{,}80 \\ 2 \times 202{,}10 = \; & 404{,}20 \\ & \overline{1133{,}60} \end{aligned}$$

$$\text{Surface cherchée} = \frac{6^{m}}{3} \times 1133{,}60 = 2267{,}2000.$$

La surface cherchée est donc à peu près égale à 22 ares 67 centiares.

On peut, pour s'exercer, calculer les deux parties de la surface de la seconde figure de la p. 18[2] ; en ajoutant on trou-

[1] On appelle *ordonnées* les perpendiculaires élevées sur la base.

[2] On pourrait, dans cette figure, ne prendre qu'une des deux séries de perpendiculaires que l'on prolongerait jusqu'à l'autre partie de la courbe, et l'on n'aurait qu'une seule opération à faire en prenant la longueur totale de ces droites.

vera pour la mesure de la surface totale 9094 mètres carrés 4500 centimètres carrés ou à peu près 91 ares.

30. Si la surface à mesurer avait une grande étendue, de sorte que les perpendiculaires eussent de grandes longueurs, on pourrait commettre des erreurs dans leur chaînage; ces erreurs, en s'ajoutant un grand nombre de fois, acquerraient de l'importance. Dans ce cas, on doit faire d'abord certaines décompositions.

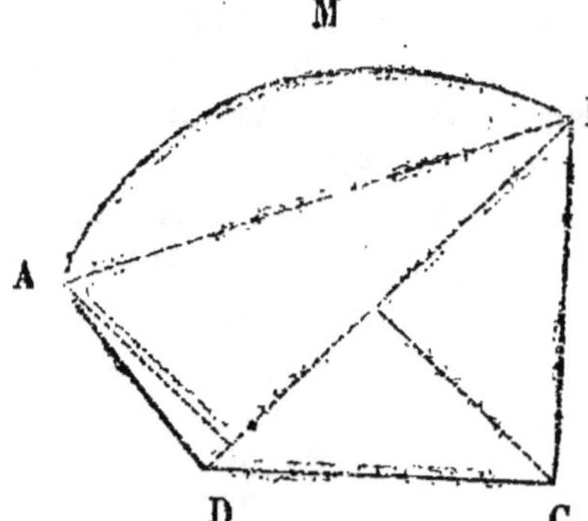

Supposons, par exemple, qu'on veuille mener la surface ADCBM, supposée d'une étendue assez considérable.

Nous tracerons avec des jalons la droite AB entre les extrémités de la courbe AMB, et le terrain se trouvera ainsi partagé par un quadrilatère rectiligne ADCB, que nous mesurerons comme au n° 26, et une figure AMB, pour la mesure de laquelle nous aurons recours à ce qui a été démontré au numéro précédent.

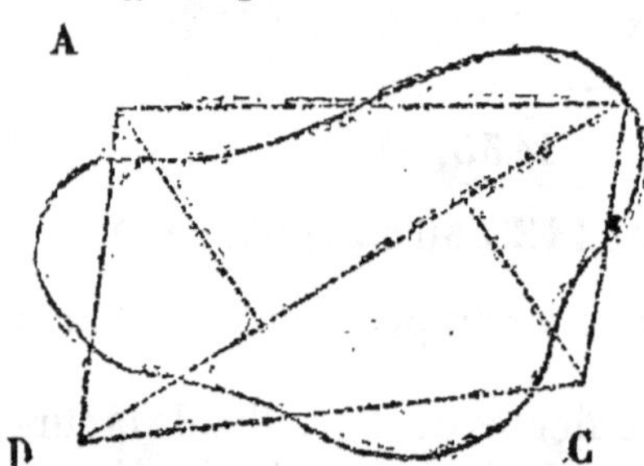

31. Il pourrait arriver que le terrain à mesurer fût terminé par une courbe sinueuse et continue, comme la figure le représente ici, Dans ce cas, on pourrait en calculer la surface en la transformant en un polygone ABCD. auquel on donnerait, au moyen de certaines compensations, une étendue équivalente et facile à mesurer. Par d'habitude, on parvient à exécuter cette transformation avec assez de précision.

32. On approcherait plus de l'exactitude rigoureuse en jalonnant les lignes AB, BC, DC, DA, dirigées de ma-

nière à former un quadrilatère qui se calcule comme il a été dit (nº 26). Après cela, de chaque ligne courbe on abaisserait sur les lignes jalonnées des perpendiculaires qui donneraient de petits triangles aux extrémités, et

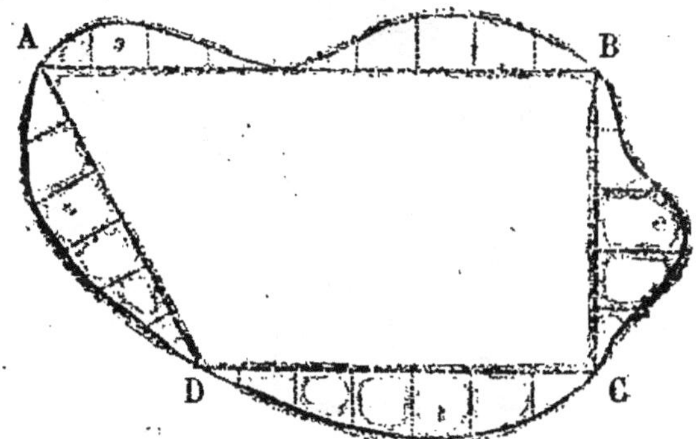

partout ailleurs des trapèzes, que nous savons mesurer.

Arpentage des terrains dans lesquels on ne peut pénétrer.

33. Supposons que les surfaces à mesurer sont accessibles en dehors seulement; ainsi, par exemple, marais, bois épais, récolte en maturité, etc., etc.

Dans de pareils cas, on voit que l'application des moyens que nous avons indiqués jusqu'ici n'est pas praticable, puisqu'on ne peut ni tirer des lignes, ni mener des perpendiculaires dans l'intérieur.

34. Alors on parvient à trouver la superficie de ces terrains impénétrables en dedans, en les enveloppant dans des lignes qui forment un rectangle ou un trapèze que l'on sait calculer. On déduit ensuite de la superficie totale de ce rectangle les diverses parties de terrain empruntées pour sa formation, et comprises entre les côtés de ce même rectangle ou trapèze, et les lignes qui terminent l'enceinte inaccessible en dedans. La déduction faite, ce qui reste représente la surface à mesurer.

35. Supposons, par exemple, qu'on veuille connaître la superficie d'un marais ABCDEFR, accessible en dehors.

Commencez par placer des jalons à tous les angles A, B, C, E, F, de la surface que vous voulez mesurer; après cela, tracez une ligne MP, passant par le sommet

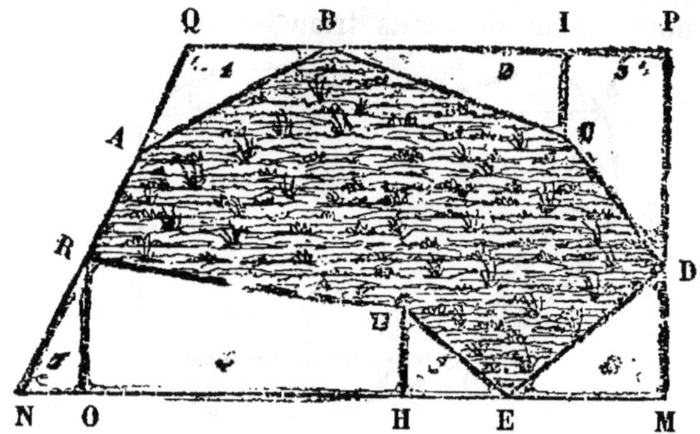

D; élevez sur cette ligne, avec l'équerre d'arpenteur, deux perpendiculaires MN, PQ, passant par les jalons E et B, et prolongez dans les deux sens le côté FA de la figure proposée, jusqu'à ce qu'il rencontre les deux perpendiculaires.

Le marais se trouve ainsi compris dans un trapèze MNPQ, dont la hauteur est MP et les deux bases PQ, MN; il vous sera facile d'en déterminer la superficie : après cela calculez en particulier la contenance des sept parties (triangles et trapèzes) empruntées pour la formation du trapèze, et retranchez l'expression de leur somme de la valeur trouvée pour surface du trapèze enveloppant; le reste de cette soustraction vous représentera la surface du marais.

36. Pour vérifier si le chaînage des deux bases et de la hauteur du trapèze est exact, il faudra ajouter le détail qu'on a fait sur chacune de ces lignes en mesurant les distances partielles.

37. On pourrait aussi avoir la superficie d'un terrain impénétrable en l'enveloppant d'un triangle rectangle, qui se calculerait au moyen de sa base et de sa hauteur;

de sa surface on retrancherait la somme des parties (triangles et trapèzes empruntées, et le reste serait la mesure du terrain ABCDEF.

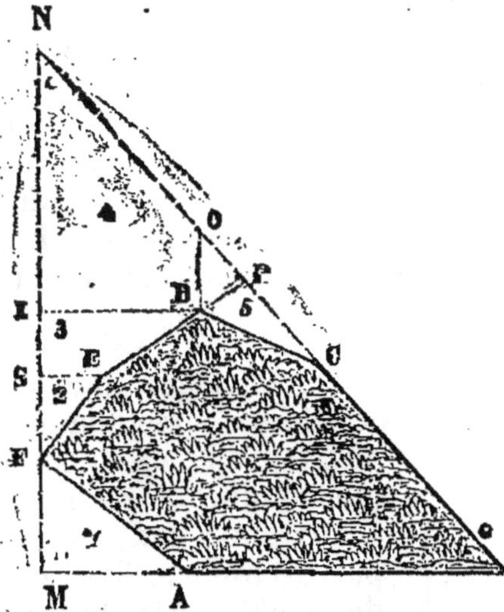

38. *Remarque générale.* Dans tout ce qui précède, nous ne nous sommes pas occupés de l'inclinaison des terrains. Nous avions eu soin, du reste, de prévenir que l'on ne tient aucun compte de cette inclinaison, que lorsqu'un terrain est incliné à l'horizon on ne mesure pas sa surface directe, mais bien sa projection horizontale (n° 13). Nous avons vu aussi (n°s 10 et 11) comment on faisait le chainage d'une ligne inclinée, et comment ce chaînage n'était autre chose que celui de la projection horizontale de cette ligne. Il est évident maintenant qu'une surface calculée avec de telles mesures sera la projection horizontale de la surface enfermée dans les lignes inclinées. Nous n'avons donc rien de particulier à dire sur les mesures des surfaces inclinées.

Partage des terrains.

39. Les fonctions de l'arpenteur ne se bornent pas à mesurer et à constater l'étendue d'une surface; il arrive souvent qu'il est appelé pour faire des partages de terrain. Nous allons indiquer les moyens de diviser une propriété en parties égales ou en parties qui aient entre elles un certain rapport.

40. Supposons en premier lieu qu'on veuille partager un carré en rectangles égaux.

Cette opération n'offre pas la plus légère difficulté ; nous pourrions, sans inconvénient, en passer la description sous silence ; nous dirons cependant que, pour l'exécuter, il suffit de diviser en parties égales deux côtés opposés du carré et de joindre deux à deux les points de division : les rectangles partiels ont tous même base et même hauteur, et sont par conséquent égaux entre eux.

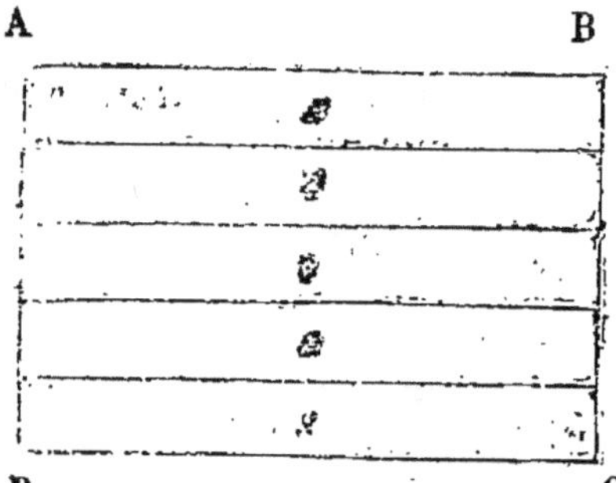

41. Partagez un champ de forme rectangulaire ABCD en un nombre quelconque de rectangles égaux entre eux, en cinq, par exemple ; divisez les deux côtés AD, BC, chacun en cinq parties égales, et joignez les points de division ; il est évident que le partage sera fait selon la demande.

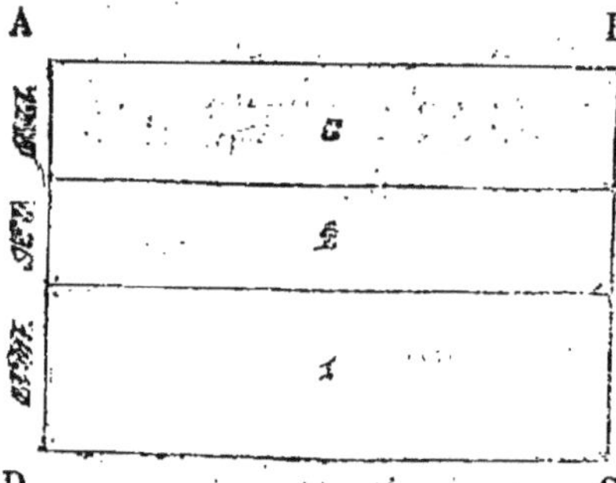

42. Supposons maintenant qu'on ait le rectangle ABCD, qui a 120 mètres de base et 35 de hauteur. La surface aura 4,200 mètres carrés ou 42 ares ; proposons-nous de le partager en trois parties inégales et telles que la première ait 17 ares, la seconde 10 ares, et la troisième 15 ares. Nous donnerons aux trois surfaces la base commune 120 mètres, en nous rappelant que la surface d'un rectangle a pour mesure le produit de sa base par sa hauteur ; il est clair que nous trouverons la hauteur que nous devons donner

à chacune des trois parties, en divisant sa surface respective par la base commune 120 mètres.

On trouve ainsi que la première doit avoir pour hauteur 14 mètres 17 centimètres, le seconde 8 mètres 33 centimètres, et la troisième 12 mètres 5 décimètres.

43. On peut vérifier au moyen d'une simple addition que la réunion de ces hauteurs partielles forme à peu près la hauteur 35 mètres du rectangle proposé.

44. On agirait absolument de la même manière si l'on avait une opération semblable à effectuer sur un parallélogramme.

45. Proposons-nous actuellement de diviser en triangles égaux un terrain de forme triangulaire.

A

B M N P C

Soit le champ ABC à partager entre quatre héritiers qui doivent avoir des parts équivalentes. Pour cela, partagez la base BC du triangle en quatre parties égales, et menez des droites de chaque point de division au sommet A. Le champ se trouvera ainsi divisé en quatre portions équivalentes ; il suffit, pour ne pas en douter, de se rappeler que les triangles de même base et de même hauteur ont des superficies équivalentes.

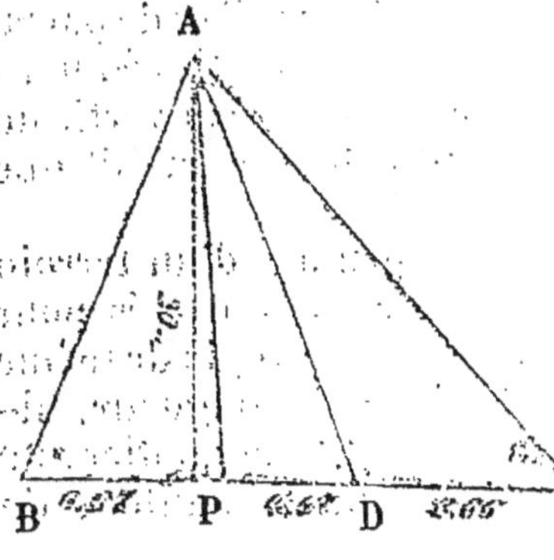

46. Si l'on voulait partager le triangle proposé en parties triangulaires inégales, il faudrait, pour déterminer la base de chacune d'elles, diviser sa surface par la moitié de la hauteur commune AP. Soit, par exemple, le terrain ADC, qui a pour base 20 mètres et 30 pour hauteur ; sa surface aura 20 × 15 ou 300 mètres carrés. Pour le partager en

trois parties telles que la première ait 130 mètres carrés, la seconde 70 mètres carrés, et la troisième 100 mètres carrés, nous donnerons à chaque partie la hauteur commune AP, et pour connaître la longueur de sa base il suffit de diviser sa surface par 15, moitié de la hauteur. On trouve ainsi que la base de la première partie doit avoir 8 mètres 66 centimètres, celle de la seconde 4 mètres 67 centimètres, et celle de la troisième 6 mètres 67 centimètres. Leur somme est égale à 20 mètres, longueur de la base totale.

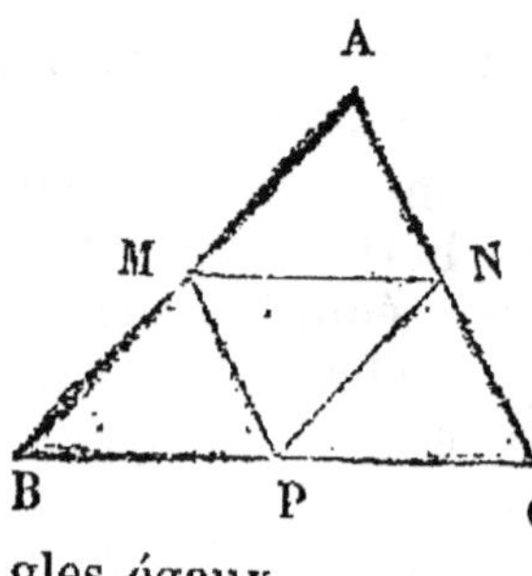

47. Pour partager un triangle en quatre parties équivalentes par un procédé différent de celui que nous avons employé au n° 45, il suffirait de réunir les milieux des trois côtés par des lignes droites, comme la figure le représente ; le triangle ABC se trouverait ainsi divisé en quatre triangles égaux.

Les exemples précédents suffisent pour mettre le lecteur au-dessus des difficultés qui pourraient se présenter à lui dans le partage d'un triangle et d'un quadrilatère quelconque.

48. Nous allons, avant d'indiquer la manière de partager une propriété quelconque en tant de parties équivalentes qu'on voudra, donner les moyens de convertir un terrain de forme quelconque en un rectangle qui ait une contenance équivalente.

Supposons, par exemple, que l'arpentage d'un terrain de forme irrégulière ait donné 3420 mètres carrés pour superficie de ce terrain. Pour faire un rectangle de même étendue, et dont la base ait 114 mètres de longueur, divisez la surface de 3420 par la base 114 ; le quotient 30 représentera le nombre de mètres que la hauteur du rectangle doit avoir.

Actuellement, pour construire ce rectangle, tracez une

base AB = 114; aux extrémités de cette base élevez deux perpendiculaires BC, AD, égales à 30 mètres chacune, et tracez la ligne DC; la figure ainsi formée sera évidemment un rectangle qui aura 3420 mètres carrés de contenance.

49. Des numéros précédents on déduit le moyen de partager en parties égales ou inégales une propriété de forme quelconque; il suffit de construire d'abord un rectangle équivalent en surface, puis de partager ce rectangle de la manière voulue; il ne reste plus à faire que certaines compensations pour faire rentrer dans l'intérieur de la propriété les parties extérieures des rectangles partiels.

50. L'arpenteur doit faire ces compensations de manière à satisfaire le plus possible les personnes co-partageantes. De plus il faut avoir égard, dans le partage, à la qualité du terrain; il suffit pour cela d'augmenter la surface lorsque la qualité diminue. Ainsi, si une partie du terrain rapporte deux fois moins qu'une autre partie, il faut prendre dans la première partie une surface double de celle que l'on prendrait dans la seconde.

51. Nous avons terminé les opérations qui constituent l'arpentage proprement dit. Nous allons considérer d'autres opérations qui se lient à l'arpentage, je veux parler du *Nivellement* et du *Levé des plans.*

Nivellement.

52. Le but du nivellement est de déterminer la différence de hauteur entre deux ou plusieurs points de la surface d'un terrain. Il arrive fréquemment qu'on a besoin d'avoir recours à cette opération. Ainsi, quand il s'agit de calculer une pente donnée qu'on veut prolonger pour faciliter l'écoulement des eaux, ou bien quand il s'agit de pratiquer des rigoles pour dessécher les marais, etc., etc., il est clair qu'avant d'entreprendre de pareilles opérations on doit avoir une connaissance exacte de toutes les pentes et inclinaisons que peut offrir la surface du terrain sur lequel on opère. Or, cette connaissance, on ne peut l'acquérir que par le nivellement du terrain.

Les principaux instruments employés pour le nivellement sont : le *niveau de maçon*, le *niveau d'eau*, et le *niveau à bulle d'air.*

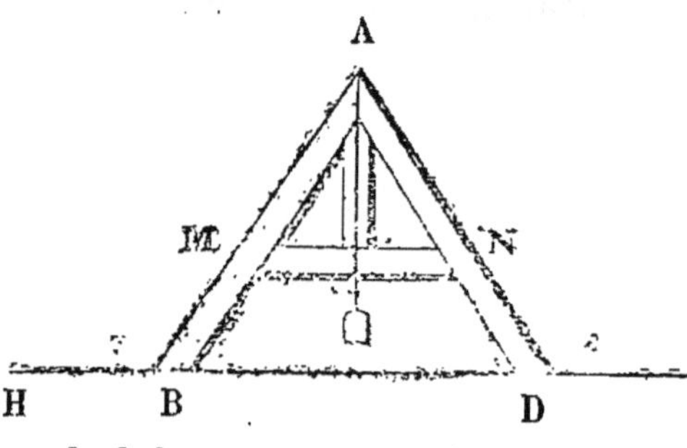

53. Le niveau de maçon se compose de deux règles jointes bout à bout comme on le voit dans la figure. Sur le milieu de la traverse MN est un trait appelé *ligne de foi* par lequel doit passer un fil à plomb, lorsque les deux pieds B et D sont de niveau, c'est-à-dire sont sur une même ligne horizontale. Si l'instrument est exact, il faut que le fil à plomb soit perpendiculaire à cette horizontale HR ; par conséquent, il faut qu'en retournant

l'instrument de manièrc à passer le point D en B, et réciproquement, le fil à plomb demeure invariable sur le trait, s'il y était avant la conversion de l'instrument.

54. Le niveau d'eau est un tuyau de ferblanc courbé à ses deux extrémités, qui sont surmontées de deux tubes de verre MN. On verse de l'eau colorée dans le tuyau

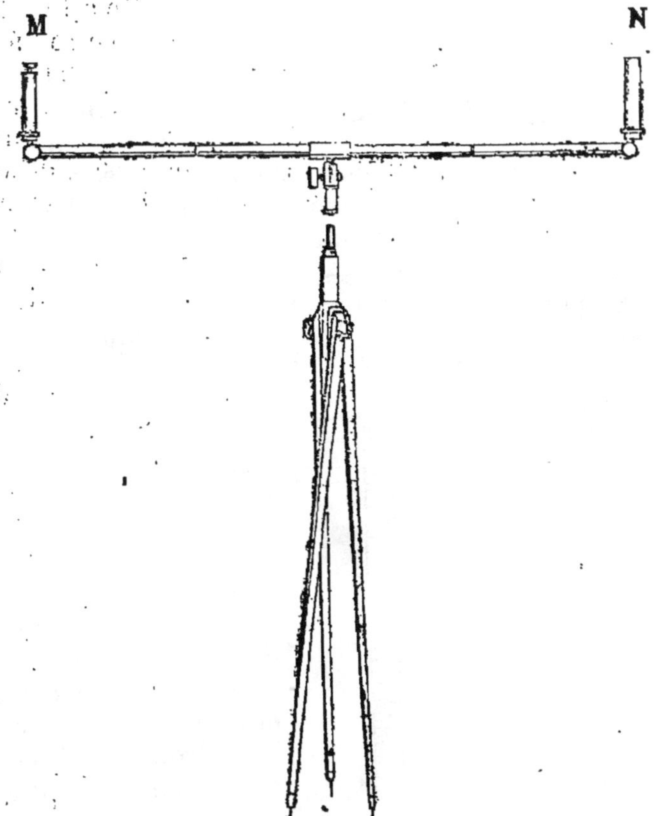

de ferblanc, jusqu'à ce qu'elle arrive dans les deux tubes de verre. Le liquide étant toujours de niveau dans les deux tubes, une ligne tracée suivant la surface du liquide est parfaitement horizontale.

55. Le niveau à bulle d'air se compose d'une lunette dont on rend l'axe horizontal en calant l'instrument avec les vis qui le maintiennent sur son trépied. Au-dessous de la lunette est un tube en verre fermé à ses deux extrémités par des pièces en cuivre.

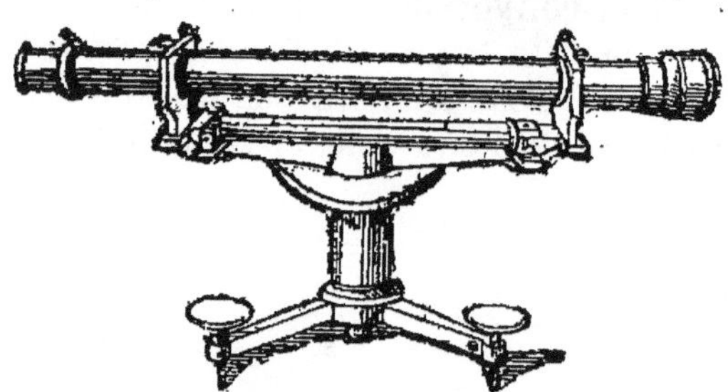

Ce tube est presque entièrement rempli d'eau, de sorte qu'il ne reste dans son intérieur qu'une bulle d'air étendue qui semble flotter dans le liquide; le tube porte des divisions, et l'on juge que l'instrument est de niveau lorsque les deux extrémités de la bulle d'air sont à égale distance du milieu du tube. Comme l'axe de la lunette est parallèle à celui du tube, on pourra ainsi juger quand il sera horizontal.

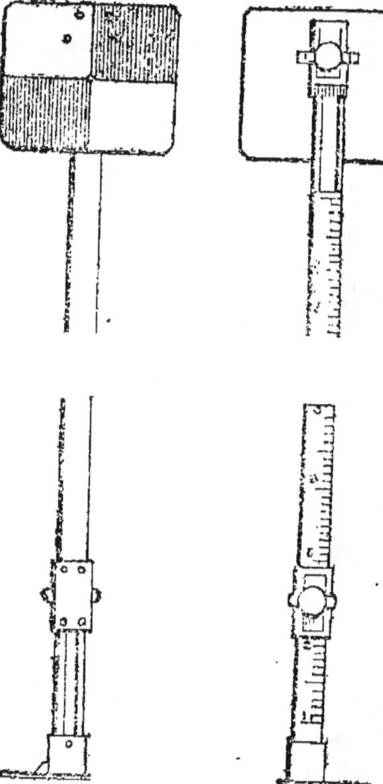

56. Lorsqu'on se sert d'un niveau quelconque, on fait usage d'une *mire ;* c'est une règle bien droite de deux ou trois mètres de hauteur, et divisée en décimètres et centimètres ; à cette règle est adapté un curseur blanc qu'on peut faire descendre ou monter à volonté. Ce curseur se nomme *voyant,*

il est souvent rouge et blanc, et l'on vise alors le point d'intersection des droites qui le partagent en quatre parties.

57. Pour appliquer le niveau de maçon à la détermination de la quantité dont le point B est plus élevé que A, en supposant que ces deux points soient assez près l'un de l'autre, l'arpenteur placera le niveau au point B et le maintiendra dans une position telle que le fil à plomb passe sur le trait. Pendant ce temps, son aide tiendra la mire le plus verticalement possible au point A, et fera monter ou descendre le voyant, jusqu'à ce que l'arpenteur le trouve en ligne avec la base qui supporte le niveau; alors la mesure indiquée sur la mire sera la hauteur cherchée.

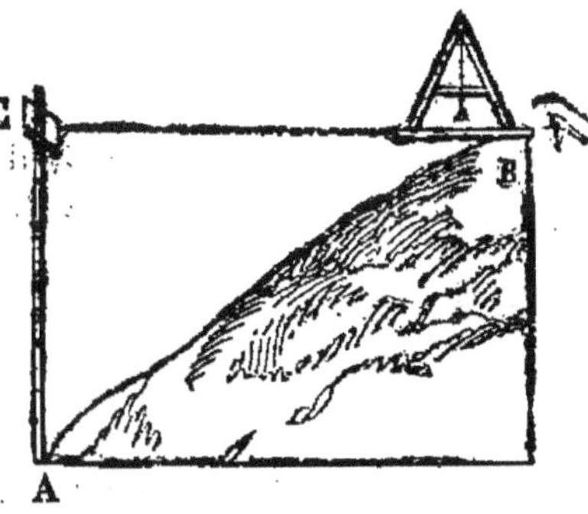

58. Si la distance des deux points A et B ne permettait pas de niveler par une seule opération ou portée, on répèterait cette même opération autant de fois que la distance des deux points l'exigerait. Il faudrait tenir note des hauteurs partielles obtenues à chaque station, et ajouter ensemble ces différentes hauteurs; le résultat indiquerait la quantité dont B est plus élevé que A.

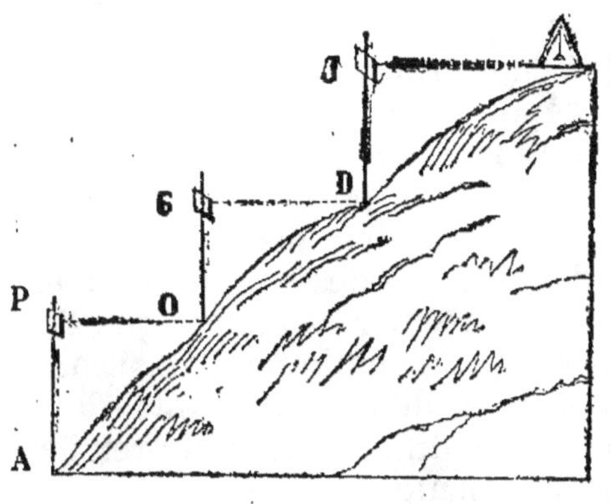

Ainsi, en supposant

JD′	=	1ᵐ	25 c
SO	=	2	»
PA	=	1	45
		4	70

le point B serait plus élevé que le point A de 4 mètres 70 cent.

59. Pour niveler à l'aide du niveau d'eau il suffit de placer l'œil au niveau du liquide, dans l'une des extré-

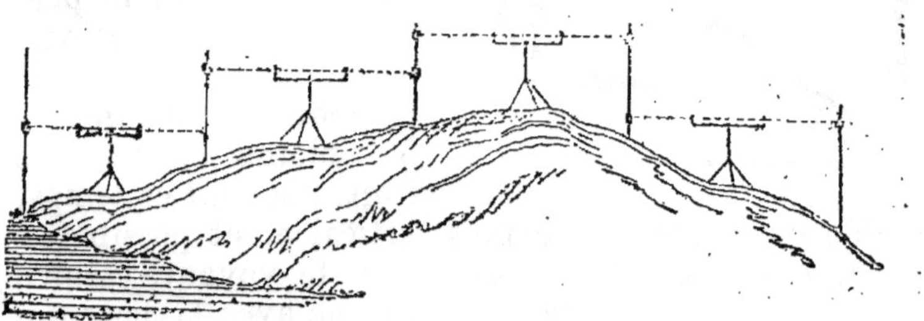

mités du tube, et de viser le niveau dans l'autre extrémité.

On peut voir par l'inspection seule de la figure précédente comment on nivelle à plusieurs reprises au moyen du niveau d'eau. Il suffit de le transporter au hasard sur différents points de la pente tracée et de viser deux mires. La première opération donne la hauteur du premier point de la pente. En transportant le niveau et visant la seconde mire de l'opération précédente, on a la hauteur d'un second point au-dessus du premier, hauteur qui se trouvera mesurée par la course que l'on aura dû faire faire au voyant. En continuant ainsi, on a les différences de hauteur des différents points de la pente, et en ajoutant toutes ces différences à la première hauteur on a la hauteur de la pente.

60. Enfin, pour se servir du niveau à bulle d'air, il suffit d'amener la bulle d'air au milieu du tube en haussant ou baissant l'instrument dans différents sens, au moyen des vis calantes qui l'attachent à son pied : on n'a

plus alors qu'à viser avec la lunette, qui contient deux fils minces se croisant sur son axe ; l'aide de l'arpenteur doit hausser la mire jusqu'à ce que celui-ci voie coïncider le milieu du voyant avec le point d'intersection des fils croisés.

Levé des plans.

61. Après avoir exécuté sur une propriété les diverses opérations d'arpentage dont nous avons parlé jusqu'ici, l'arpenteur doit pouvoir faire le plan de cette propriété, c'est-à-dire en représenter sur le papier les diverses formes et dimensions dans les proportions convenues. Ainsi, rapporter un plan ou tracer le plan d'un terrain, c'est reproduire une figure absolument semblable à la surface mesurée. Les instruments nécessaires pour faire un plan sont : un bon *compas*, un *crayon*, un *tire-ligne*, qui est employé quand on trace des lignes à l'encre, une *règle* bien dressée, une *équerre de dessinateur* et une *échelle de proportion*. Tout le monde connaît ces instruments ; nous allons cependant dire quelques mots sur l'équerre à dessiner et sur l'échelle de proportion.

62. Pour vérifier la justesse d'une équerre, tirez une droite MN. Au moyen de l'équerre S, élevez sur MN une perpendiculaire DC ; retournez ensuite l'équerre sur sa face opposée en M c'est-à-dire faites-la passer de l'angle CDI, dans l'angle CDN ; mettez-la en contact avec la ligne MN et la perpendiculaire DC ; si l'équerre est juste, les deux côtés de l'angle droit devront coïncider exactement avec les deux lignes MP, DC.

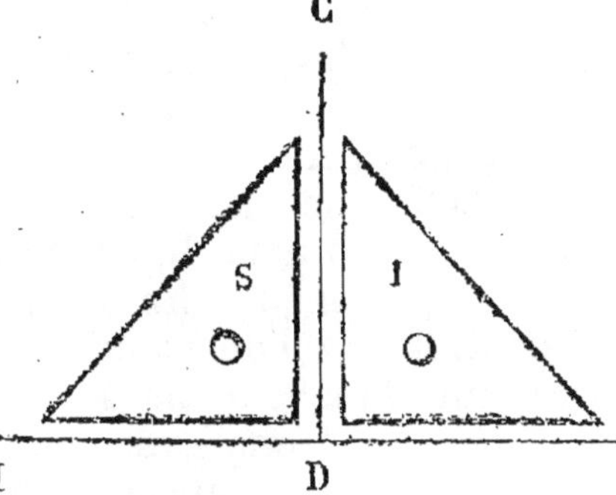

63. On nomme échelle un instrument à l'aide duquel on représente en petit et dans leurs justes propor-

tions les dimensions que l'on a prises sur le terrain.

On se sert le plus ordinairement de l'échelle des parties égales; quand elle est construite de manière à ce qu'on puisse prendre les parties décimales, elle est appelée échelle de dixièmes.

Pour la construire, sur une ligne indéfinie DE portez dix fois une même ouverture de compas, prise arbitrairement. Portez ensuite la longueur de ces dix ouvertures de P en R, de R en S, etc., et des points D, P, R, S, etc., menez à la ligne DE des perpendiculaires égales à DP : divisez ND, NI, IP, de la même manière que DP, et par les points de division des perpendiculaires menez des droites que vous couperez par des transversales dont la première partira du point P, et tombera sur l'extrémité Q de la première division de la ligne IN : la seconde partira du point 9, et tombera à l'extrémité de la seconde division de IN, et ainsi de suite, jusqu'à la dernière, qui partira du point 1 et tombera au point N. Au moyen de cette construction, on voit que le triangle rectangle PIQ est coupé par des lignes parallèles, dont la première vaut 0,1, la seconde 0,2, la troisième 0,4, etc. Ainsi, pour avoir sur cette échelle une longueur égale à 30,7, on prendra la ligne T*u*; pour avoir 25,4, on prendra la distance L*d*. Enfin, si l'on voulait représenter une longueur de 27,85, comme la partie décimale est comprise entre 0,80 et 0,90, ou entre 0,8, et 0,9, on prendrait la distance V*j*.

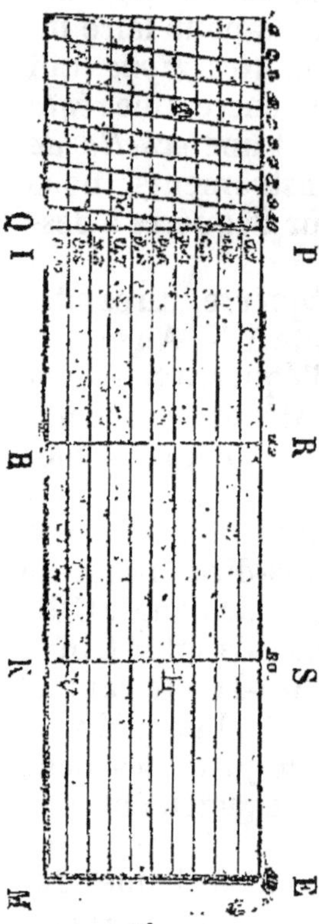

64. Quoique l'unité de mesure que nous prenons pour construire une échelle soit arbitraire, il faut avoir soin de la proportionner à la gran-

deur du papier destiné à recevoir le plan qu'on veut faire. Il faut autant que possible donner cinq millimètres pour unité, afin que les parties décimales soient plus sensibles.

65. Pour lever le plan d'une étendue de terrain considérable il faut, avant tout, parcourir les différentes pièces qui la composent jusqu'aux points limitrophes. On en trace en même temps le canevas, sur lequel on fait approximativement les angles aigus et obtus, suivant qu'ils le paraissent à l'œil sur le terrain, et l'on donne aux côtés des longueurs à peu près proportionnelles à celle des lignes correspondantes du terrain.

66. Lorsque le plan est ainsi exécuté grossièrement, on en détermine différentes parties, qui varient suivant les instruments que l'on possède.

67. Supposons, par exemple, que vous ne possédiez qu'une chaîne, et que vous vouliez faire le plan du terrain ABCDE. Mesurez avec la chaîne les longueurs des

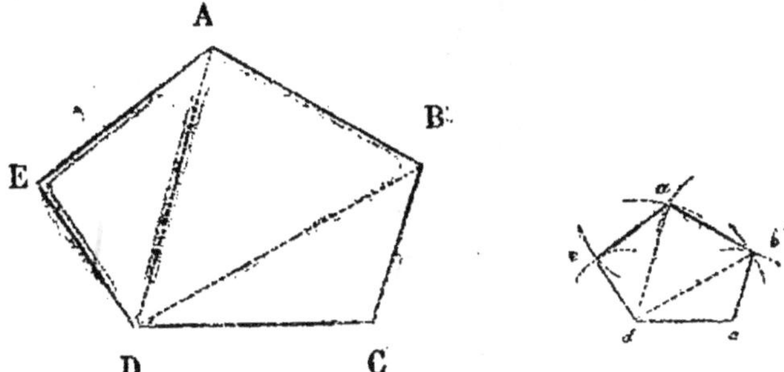

côtés et celles des diagonales DA, DB, puis tirez sur le papier une ligne *dc*, et donnez-lui autant de parties de l'échelle que son homologue DC contient de mètres sur le terrain. Puis du point *d* pris pour centre et avec une ouverture de compas égale à la valeur de DB prise sur l'échelle, décrivez un arc, et du point *c* pris pour centre et avec la valeur de CB prise également sur l'échelle, décrivez un autre arc qui coupe le premier au point *b*.

Après cela prenez la valeur de AB sur l'échelle, et avec cette valeur pour rayon, tracez un arc du point *b* pris pour centre; du point *d* pris pour centre et avec une ouverture de compas égale à la valeur de DA prise sur l'échelle, décrivez un autre arc qui coupe le précédent au point *a*. Enfin, avec les valeurs des côtés AE, DE, prises successivement sur l'échelle, décrivez des deux points *d*, *a*, deux arcs qui se coupent en *e*, et joignez les points *c*, *b*, *a*, *e* par des droites. Il est évident que la figure ainsi formée sera le plan du terrain ABCDE.

68. Supposons, en second lieu, que le terrain dont on veut faire le plan ait été mesuré avec l'équerre. Soit le terrain ABCDEFGHKM : tracez au crayon une ligne indéfinie *ag* pour représenter la base AG. Donnez-lui avec l'échelle la longueur qu'on a trouvée pour AG sur le terrain; prenez sur l'échelle les distances marquées sur la

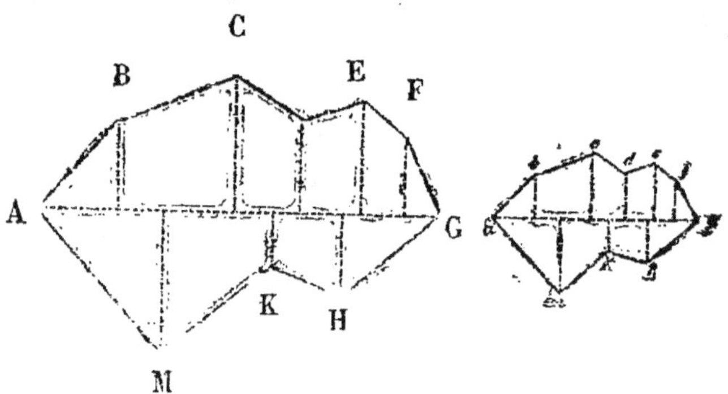

base AG, entre les perpendiculaires élevées des deux côtés, et portez ces valeurs sur la ligne indéfinie *aq*. Aux points où ces mesures finiront, élevez des perpendiculaires auxquelles vous donnerez autant de parties de l'échelle que celles qu'elles représentent contiennent de mesures sur le terrain. Joignez enfin par les droites les points *abcdefghkm*, et vous aurez le plan du terrain proposé; car il est évident que le plan et le terrain se trouveront ainsi composés d'un égal nombre de trapèzes et de triangles semblables.

69. Si l'on a un graphomètre (n° 20), on pourra, au

lieu de mesurer des longueurs, ne mesurer que des angles. Supposons, par exemple, que nous ayons encore à faire le plan du terrain ABCDE (p. 35), on pourra mesurer les angles EDA, ADB, BDC, puis les construire sur le papier dans l'ordre où ils se trouvent sur le terrain; on donnera ensuite au côté *dc* une longueur arbitraire; puis on mesurera l'angle DCB et on le construira sur le papier; on aura ainsi le côté *cb* qui ira couper les diagonale *db* au point *b;* ce point sera un des sommets de la figure; on mesurera ensuite l'angle CBA, et en le construisant, on aura le côté *ba*, et par suite le sommet *a;* enfin on mesurera l'angle BAE, et en le construisant sur le papier on aura le côté *ae* et le dernier sommet *e* de la figure. On aura ainsi la copie du terrain; mais pour que le plan soit complet, pour qu'il indique non-seulement la figure, mais aussi les dimensions du terrain, on devra mesurer sur celui-ci un des côtés DC, par exemple, et construire une échelle telle que *dc* mesuré sur cette échelle ait la même valeur que DC.

70. De quelque manière que l'on construise un plan, il faut toujours indiquer de combien il est réduit, c'est-à-dire marquer combien de mètres de l'échelle il faut pour faire un mètre véritable. C'est ainsi que, lorsque l'échelle dont se sert présente la longueur d'un centimètre pour marquer un mètre, on doit écrire à côté: Echelle de $\frac{1}{100}$.

71. On peut, pour mesurer les angles sur le terrain, employer la boussole au lieu du graphomètre. La boussole est alors simplement une aiguille aimantée placée dans une boîte de cuivre au fond de laquelle se trouve un cercle divisé servant à mesurer les angles que fait la boussole avec une ligne droite donnée.

On sait que l'aiguille aimantée a toujours la même

direction, de sorte que, transportée en différents points

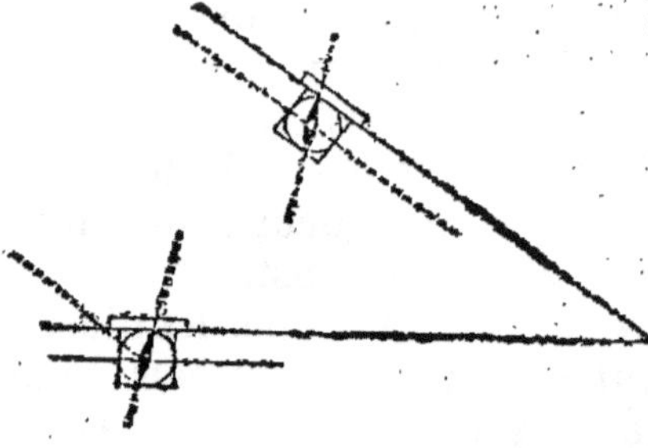

peu éloignés, elle reste toujours parallèle à elle-même. De là résulte un moyen simple de mesurer les angles que font deux lignes sur un terrain : on place la boussole en un point quelconque d'une des lignes de manière que le bord de la boîte, parallèle au diamètre du cercle divisé, correspondant au 0 du cercle, coïncide avec cette ligne. On aura ainsi l'angle que fait celle-ci avec l'aiguille ; on aura de la même manière l'angle de cette aiguille et de l'autre ligne; alors, en vertu des propriétés des droites parallèles, on reconnaît facilement qu'il suffit d'ajouter les deux angles mesurés et de retrancher leur somme de 180° pour avoir l'angle des deux droites.

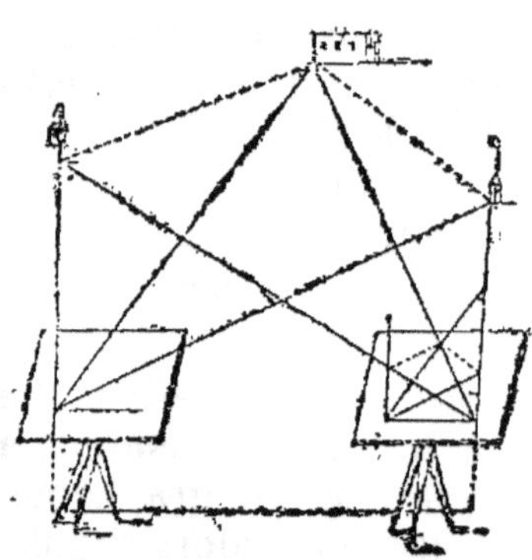

72. On peut encore tracer immédiatement un plan avec un instrument très-ingénieux inventé vers la fin du seizième siècle, par un géomètre allemand nommé Prœtorius, et que l'on appelle la *planchette*. Cet instrument n'est, en effet, qu'une simple planchette sur laquelle on pose une feuille de papier et une alidade à pinnules (n. 20). On pose bien horizontalemnt la planchette sur un pied , puis on place l'alidade successivement dans la direction des différentes droites tracées sur le terrain et qui passent au point où l'on se trouve ; puis l'on trace sur le papier ces différentes lignes dans la direction où on les voit, en prenant en quelque sorte l'alidade comme règle. On peut ensuite se transporter en un autre point d'une des lignes

tracées et recommencer. Enfin, on voit que l'opération, absolument la même que celle que l'on exécute avec le graphomètre, est sujette aux mêmes observations.

73. La boussole a un second usage en arpentage, elle sert encore à compléter un plan en *l'orientant*. Cette opération consiste simplement à tracer sur le plan la ligne qui va du nord au sud, et celle qui va du levant au couchant, et l'on sait que ces lignes sont marquées sur la boussole. On marque *nord* au haut du plan, *sud* au bas, *est* à droite, *ouest* à gauche. Cette opération est nécessaire pour connaître la position relative aux quatre points cardinaux des différentes parties qui composent le terrain.

Copie d'un plan.

74. Il arrive souvent qu'on a besoin de *copier un plan*. De tous les moyens mis en pratique deux principalement sont presque toujours employés. Le premier consiste à calquer des plans, et le second à les piquer.

Calquer un plan.

75. Pour calquer un plan vous pouvez vous servir du papier *végétal*, qui est transparent. Fixez ce papier sur le plan que vous voulez copier, au moyen d'épingles fines ou avec de la colle à bouche ; puis avec un crayon aussi fin que possible, suivez avec précaution tous les traits que la transparence du papier vous permettra de distinguer parfaitement, et vous aurez la copie du plan.

Vous pourriez encore calquer un plan d'une autre manière.

76. Après l'avoir étendu et attaché, comme précédemment, sous la feuille qui doit le recevoir, assujettissez les deux feuilles contre un châssis garni d'un verre, de manière à ce que le plan modèle touche la vitre : alors la transparence vous permet de voir tous les détails du plan, et de les suivre avec un crayon.

On a du reste des instruments particuliers servant à calquer. Ils consistent essentiellement en une glace transparente horizontale sur laquelle on pose les deux feuilles superposées. La lumière est réfléchie sous cette glace par un miroir incliné. L'effet est le même que lorsqu'on pose les deux feuilles sur une vitre verticale; seulement on a l'avantage d'une position horizontale du papier.

Piquer un plan.

77. Disposez par les mêmes moyens que plus haut le plan modèle sur le papier qui doit le recevoir; puis avec une aiguille très-fine ou un piquoir, piquez tous les traits et toutes les lignes de manière à percer les deux feuilles de papier à la fois. Après ce travail, séparez les deux feuilles et repassez au crayon et à l'encre toutes les lignes limitées ou tracées par les piqûres : le résultat sera la copie du plan.

78. Pour tracer un plan avec facilité, placez-vous d'une manière convenable vis-à-vis le modèle ; tracez d'abord la grande diagonale qui doit servir de base à l'opération, comme il a été dit (n. 68). Cette ligne une fois tracée, vous n'avez plus qu'à mener des perpendiculaires à sa droite et à sa gauche, pour la formation des trapèzes et triangles dans lesquels se décompose le terrain. Presque toujours la surface à reproduire contient plusieurs pièces de terre qu'il faut réunir sur le même plan. Lorsqu'on a fini le plan d'un champ, on continue par celui des pièces voisines, en se servant de leurs côtés communs.

Il n'y a plus, après cela, qu'à donner aux diverses parties du plan des teintes qui conviennent au genre de culture auquel on les emploie.

Teintes diverses que doivent avoir les parties représentées sur un plan.

Les couleurs employées sont : l'*encre de Chine*, la *gomme-gutte*, le *carmin*, la *sépia*, le *vert de vessie*, l'*indigo*, le *bleu de Prusse*, la *terre de Sienne brûlée*, la *teinte neutre*.

On distingue dans les plans topographiques deux manières de représenter le terrain : la *minute* est pour ainsi dire le croquis du plan, et la *rédaction* en est le dessin définitif, lavé à l'effet.

Le Dépôt de la guerre a adopté pour ces deux cas, dans l'exécution de la carte de France, des teintes conventionnelles pour chaque nature de terrain ; elles sont maintenant employées par tous les géomètres et dessinateurs.

Terres labourées.—*Minute* : Une teinte faible de sépia naturelle.—*Rédaction* : Sillons exécutés avec les diverses couleurs que prend la végétation : lilas, vert, bleu, jaune, rouge, etc.

Prairies.—*M.* Vert de vessie faible.—*R.* Même teinte plus intense avec retouches à la plume pour représenter le gazon.

Vignes.—*M.* Teinte faible composée de carmin et de bleu.—*R.* La même teinte un peu plus intense ; travail à la plume pour représenter des ceps de vigne.

Pâturages.—*M.* On se sert de deux couleurs et de deux pinceaux ; vert de vessie et terre de Sienne ; on imite une espèce de marbrure.—*R.* La même teinte plus intense, avec retouches de vert à la plume pour représenter les bouquets de gazon et d'arbustes.

Bois, taillis, futaies.—*M.* Teinte composée d'indigo et de gomme-gutte ; la gomme-gutte doit dominer.—*R.* Vert et jaune à deux pinceaux ; les arbres avec plusieurs sortes de vert, légèrement ombrés d'un côté. On ne doit pas oublier que les arbres sont vus en plan.

Landes.—Même procédé que pour les pâturages, seulement le jaune doit dominer.

Bruyères.—Même procédé, en remplaçant la terre de Sienne par du carmin faible.

Vergers.—*M.* Vert formé d'indigo et de gomme-gutte ; l'indigo domine.—*R.* Même teinte, avec de nombreux petits ronds à la plume pour indiquer les arbres fruitiers.

Marais.—*M.* Vert de prairie, en conservant des places blanches que l'on remplit avec du bleu de Prusse faible.

—*R.* Comme pour les prairies ; retouches avec du bleu plus foncé sur les eaux pour faire des ondulations.

Etangs, rivières, ruisseaux.—Bleu de Prusse, en ayant soin de faire pour les étangs des ondulations horizontales. Dans les rivières et ruisseaux il faut mettre une teinte plus forte sur le bord du côté de la lumière. Le courant de l'eau s'indique par une flèche dont le dard est dirigé dans le même sens que ce courant. La différence entre la minute et la rédaction est simplement que le travail est plus complet dans cette dernière.

Sables.—Terre de Sienne brûlée faible; un pointillé à la plume pour la rédaction.

Rochers.—*M.* Après les avoir dessinés le mieux possible à la plume, on les couvre d'une teinte faible de sépia avec une retouche plus forte de la même teinte.—*R.* On fait les ombres à l'encre de Chine et on les couvre d'une teinte de terre de Sienne brûlée avec des places de teinte neutre. Retouches avec sépia. On indique aussi dans les interstices des herbages et du gazon.

Montagnes.—Comme pour les rochers ; on adoucit la teinte du haut en bas avec l'encre de Chine pour imiter la pente. Le côté opposé à la lumière est le plus foncé.

Bâtiments.—On recouvre la surface de chaque maison d'une teinte de carmin et l'on met sur le côté opposé à la lumière un trait plus fort.

Comparaison des mesures agraires anciennes et nouvelles.

79. Nous allons actuellement indiquer en nouvelles mesures les valeurs des mesures agraires anciennes les plus usitées. Nous ne donnerons pas ici le détail de toutes les mesures anciennes ; ce serait un travail beaucoup trop pénible et d'ailleurs presque inutile, parce qu'aujourd'hui il n'est pas de lieu où les mesures ne soient connues dans leur rapport avec l'are et l'hectare. Nous espérons donc que les tables suivantes seront d'un secours suffisant pour les conversions de mesures.

Conversion des arpents en hectares.

PERCHE DE 18 PIEDS.				PERCHE DE 20 PIEDS.				PERCHE DE 22 PIEDS.			
Arpents.	Hectares.	Ares.	Centiar.	Arpents.	Hectares.	Ares.	Centiar.	Arpents.	Hectares.	Ares.	Centiar.
1	0	34	19	1	0	42	21	1	0	51	07
2	0	68	38	2	0	84	42	2	1	02	14
3	1	02	57	3	1	26	62	3	1	53	22
4	1	36	75	4	1	68	83	4	2	04	29
5	1	70	94	5	2	11	04	5	2	55	36
6	2	05	13	6	2	53	25	6	3	06	43
7	2	39	32	7	2	95	46	7	3	57	50
8	2	73	51	8	3	37	67	8	4	08	58
9	3	07	70	9	3	79	87	9	4	59	65
10	3	41	89	10	4	22	08	10	5	10	72
100	34	18	87	100	42	20	80	100	51	07	20
1,000	341	88	69	1,000	422	08	»	1,000	510	71	99

Conversion des hectares en arpents.

PERCHE DE 18 PIEDS.			PERCHE DE 20 PIEDS			PERCHE DE 22 PIEDS.		
Hectares.	Arpents.	Perche carrée.	Hectares.	Arpents.	Perches carrées.	Hectares.	Arpents.	Perches carrées.
1	2	92	1	2	36	1	1	95
2	5	85	2	4	73	2	3	91
3	8	77	3	7	10	3	5	87
4	11	70	4	9	47	4	7	83
5	14	62	5	11	84	5	9	79
6	17	55	6	14	21	6	11	74
7	20	47	7	16	58	7	13	70
8	23	40	8	18	95	8	15	66
9	26	32	9	21	32	9	17	62
10	29	24	10	23	69	10	19	58
100	292	49	100	236	90	100	195	80
000	2,924	95	1,000	2,369	»	1,000	1,958	02

RÉDUCTION DE TOISES CARRÉES EN MÈTRES CARRÉS.					RÉDUCTION DE PIEDS CARRÉS EN MÈTRES CARRÉS.				
Toises carrées.	Mètres carrés.	Dixième de mètre carré.	Centième de mètre carré.	Millième de mètre carré.	Pieds carrés.	Mètres carrés.	Dixième de mètre carré.	Centième de mètre carré.	Millième de mètre carré.
1	3	7	9	8	1	0	1	0	5
2	7	5	9	7	2	0	2	1	1
3	11	3	9	6	3	0	3	1	6
4	15	1	9	5	4	0	4	2	2
5	18	9	9	3	5	0	5	2	7
6	22	7	9	2	6	0	6	3	3
7	26	5	9	0	7	0	7	3	8
8	30	3	8	9	8	0	8	4	4
9	34	1	8	8	9	0	9	4	9
10	37	9	8	7	10	1	0	5	5
20	75	9	7	4	20	2	1	1	0
30	113	9	6	2	30	3	1	6	5
40	151	9	4	9	40	4	2	2	0
50	189	9	3	7	50	5	2	7	6
60	227	9	2	4	60	6	3	3	1
70	275	9	1	2	70	7	3	8	6
80	303	8	8	9	80	8	4	4	1
90	341	8	7	6	90	9	4	9	6
100	379	8	6	4	100	10	5	5	2

RÉDUCTION DE MÈTRES CARRÉS EN TOISES CARRÉES.				
Mètres carrés.	Toises carrées.	Dixième de toises carr.	Centième de toises carr.	Millième de toises carr.
1	0	2	6	3
2	0	5	2	6
3	0	7	8	9
4	1	0	5	2
5	1	3	1	6
6	1	5	7	9
7	1	8	4	2
8	2	1	0	6
9	2	3	6	9
10	2	6	3	2
20	5	2	6	4
30	7	8	9	6
40	10	5	2	8
50	13	1	6	0
60	15	7	9	2
70	18	4	2	4
80	21	0	5	6
90	23	6	8	8
100	26	3	2	0

RÉDUCTION DE MÈTRES CARRÉS EN PIEDS CARRÉS.			
Mètres carrés.	Pieds carrés.	Dixième de pieds carrés.	Centième de pieds carrés.
1	9	4	8
2	18	9	5
3	28	4	3
4	37	9	1
5	47	3	8
6	56	8	6
7	66	3	4
8	75	8	1
9	85	2	9
10	94	7	7
20	189	5	4
30	284	3	0
40	379	0	7
50	473	8	4
60	568	6	1
70	663	3	8
80	758	1	5
90	852	9	3
100	947	7	0

Mesures de longueur.

RÉDUCTION DE TOISES EN MÈTRES.					RÉDUCTION DE PIEDS EN MÈTRES.				
Toises.	Mètres.	Décimètres.	Centimètres.	Millimètres.	Pieds.	Mètres.	Décimètres.	Centimètres.	Millimètres.
1	1	9	4	9	1	0	3	2	4
2	3	8	9	8	2	0	6	4	9
3	5	8	4	7	3	0	9	7	4
4	7	7	9	6	4	1	2	9	9
5	9	7	4	5	5	1	6	2	4
6	11	6	9	4	6	1	9	4	9
7	13	6	4	3	7	2	2	7	3
8	15	5	9	2	8	2	5	9	8
9	17	5	4	1	9	2	9	2	3
10	19	4	9	0	10	3	2	4	8
20	38	9	8	0	20	6	4	9	6
30	58	4	7	1	30	9	7	4	5
40	77	9	6	1	40	12	9	9	3
50	97	4	5	1	50	16	2	4	1
60	116	9	4	2	60	19	4	9	0
70	136	4	3	2	70	22	7	3	8
80	155	9	2	2	80	25	9	8	7
90	175	4	1	3	90	29	2	3	5
100	194	9	0	3	100	32	4	8	3

RÉDUCTION DES POUCES EN MÈTRES.

Pouces.	Mètres.	Décim.	Centim.	Millim.
1	0	0	2	7
2	0	0	5	4
3	0	0	8	1
4	0	1	0	8
5	0	1	3	5
6	0	1	6	2
7	0	1	8	9
8	0	2	1	6
9	0	2	4	3
10	0	2	7	0
20	0	5	4	1
30	0	8	1	2
40	1	0	8	2
50	1	3	5	3
60	1	6	2	4
70	1	8	9	4
80	2	1	6	5
90	2	4	3	6
100	2	7	0	7

RÉDUCTION DES LIGNES EN MILLIMÈTRES.

Lignes.	Millimètres.	Dixièmes de millim.
1	2	2
2	4	5
3	6	7
4	9	0
5	11	2
6	13	5
7	15	7
8	18	0
9	20	3
10	22	5
20	45	1
30	67	6
40	90	3
50	112	7
60	135	3
70	157	9
80	180	4
90	703	0
100	225	5

RÉDUCTION DES DÉCIMÈTRES EN PIEDS, POUCES ET LIGNES.

Décim.	Pieds.	Pouces.	Lignes.
1	0	3	8
2	0	7	4
3	0	11	0
4	1	2	9
5	1	6	5
6	1	10	1
7	2	1	10
8	2	5	6
9	2	9	2
10	3	0	11

RÉDUCTION DES CENTIMÈTRES EN POUCES ET LIGNES.

Centimètr.	Pouces.	Lignes.
1	0	4
2	0	8
3	1	1
4	1	5
5	1	9
0	2	2
7	2	7
8	2	11
9	3	3
10	3	8

RÉDUCTION DES MÈTRES EN TOISES, PIEDS, POUCES ET LIGNES.					REDUCTION DES MILLIMÈTRES EN LIGNES.			
Mètres.	Toises.	Pieds.	Pouces.	Lignes.	Millimètres.	Lignes.	Dixièm. de lig.	Centièm. de lig.
1	0	3	0	11	1	0	4	4
2	1	0	1	10	2	0	8	8
3	1	3	2	9	3	1	3	3
4	2	0	3	9	4	1	7	7
5	2	3	4	8	5	2	2	1
6	3	0	5	7	6	2	6	6
7	3	3	6	7	7	3	1	0
8	4	0	7	6	8	3	5	4
9	4	3	8	5	9	3	9	9
10	5	0	9	4	10	4	4	3
20	10	1	6	9	20	8	8	6
30	15	2	4	2	30	13	2	9
40	20	3	1	7	40	17	7	3
50	25	3	1	1	50	22	1	6
60	30	4	8	5	60	26	5	9
70	35	5	5	10	70	31	0	3
80	41	0	3	3	80	35	4	6
90	46	1	0	8	90	39	8	9
100	51	1	10	1	100	44	3	3

CHEZ TOUS LES LIBRAIRES

on peut se procurer séparément les ouvrages de la

BIBLIOTHÈQUE POUR TOUT LE MONDE

RELIGION, MORALE,
SCIENCES ET ARTS, INSTRUCTION ÉLÉMENTAIRE,
HISTOIRE, GÉOGRAPHIE, ETC.

TITRES DES OUVRAGES

Numéros

1 Alphabet (*avec 100 gravures*).
2 Civilité (2e *livre de Lecture*).
3 Tous les genres d'Écriture.
4 Grammaire de Lhomond.
5 Le mauvais Langage corrigé.
6 Traité de Ponctuation.
7 Arithmetique simplifiée.
8 Mythologie.
9 Géographie générale.
10 — de la France.
11 Statistique de la France.
12 La Fontaine (*avec notes*).
13 Florian (*avec notes*).
14 Esope, etc. (*avec notes*).
15 Lecture pour chaque Dimanche
16 Morceaux de Littérature : *Prose*.
17 — — *Vers*.
18 Art poétique (*avec notes*).
19 Morale en action.
20 Franklin (*OEuvres choisies*).
21 Les hommes utiles.
22 Les bons conseils.
23 Histoire ancienne.
24 — grecque.
25 — romaine.
26 — sainte.
27 Histoire du moyen âge.
28 — moderne.
29 — de la découverte de l'Amérique.
30 — de France.
31 — de Paris.
32 — de Napoléon.
33 Tablettes universelles.
34 Le Monde à vol d'oiseau.
35 Robinson raconté en famille.
36 Merveilles de la Nature.
37 Découvertes et Inventions.
38 Erreurs et Préjugés.
39 Le Bonhomme *Parce que* et son voisin *Pourquoi*.
40 Histoire Naturelle
41 Géologie
42 Astronomie
43 Physique amusante
44 Chimie amusante
} avec gravures.
45 Tenue des Livres simplifiée.
46 Géometrie
47 Algèbre
48 Arpentage
49 Dessin linéaire
} avec gravures.
50 Poids et Mesures.

Bibliothèque pour tout le monde! — Pour que cette Bibliothèque justifie son titre et qu'une place lui soit donnée dans toutes les familles ; —pour qu'elle soit réellement *élémentaire*, *instructive*, il faut que, TOUTE d'instruction, elle ne s'occupe que de sujets religieux, moraux ou scientifiques : — il faut aussi que son prix *extraordinairement bas* en rende l'acquisition très-facile *à tout le monde* : tel est le but que nous nous sommes proposé.

CHAQUE OUVRAGE SE VEND SÉPARÉMENT.

Imp. Bonaventure et Ducessois.

www.ingramcontent.com/pod-product-compliance
Lightning Source LLC
Chambersburg PA
CBHW071337200326
41520CB00013B/3014

* 9 7 8 2 0 1 9 5 4 7 0 6 6 *